Armin Täubner

Mein liebstes Haustier

Fenster- und Wandbilder aus Tonkarton

frechverlag

Von dem bekannten Autor Armin Täubner sind im frechverlag zahlreiche andere Titel erschienen. Hier eine Auswahl:

TOPP 2256

TOPP 2218

TOPP 2142

TOPP 2258

TOPP 2189

TOPP 2129

Fotos: frechverlag GmbH + Co. Druck KG, 70499 Stuttgart; Fotostudio Täubner

Auflage: 5. 4. 3. 2. 1. | Letzte Zahlen
Jahr: 2001 2000 1999 98 97 | maßgebend

ISBN 3-7724-2257-8 · Best.-Nr. 2257
Druck: frechverlag GmbH + Co. Druck KG, 70499 Stuttgart

Wo gibt es denn so etwas? Ein Meerschweinchen teilt seinen Apfel mit einem Terrier, und zwei kleine Entchen baden vergnügt in einem Hunde-Wassernapf, während der Hund zwar etwas erstaunt, aber gutmütig zuschaut. Armin Täubner macht's mit seinen Fenster- und Wandbildern möglich. Zugegeben: Die Tiere aus diesem Buch miauen, zwitschern, bellen und quaken nicht, aber dafür sind sie sehr pflegeleicht, und sie sitzen alle friedlich beisammen.

Wenn Du Dir schon immer gewünscht hast, viele große und kleine Tiere um Dich zu haben, kannst Du Dir diesen Traum jetzt selbst ganz einfach erfüllen und die Tiere mit Hilfe der Schritt-für-Schritt-Anleitung aus Tonkarton nachbasteln. Es bleibt Dir überlassen, ob Du in Deinem Privatzoo nur viele bunte Fische haben möchtest oder ob Du Zwergkaninchen mit putzigen Goldhamstern spielen läßt. Vielleicht möchtest Du ja auch nur Vögel in Deinem Zimmer: Dann wirst Du bestimmt viel Spaß mit dem Kakadu und den Kanarienvögeln haben.

Schritt-für-Schritt-Anleitung

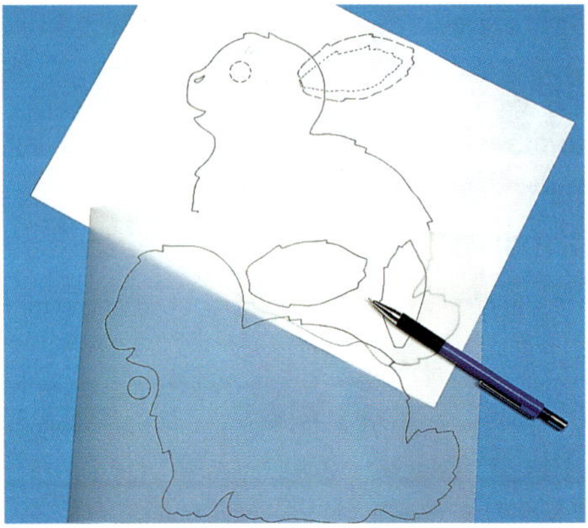

1. Pause alle Teile des Motivs nebeneinander und ohne Überschneidungen mit Bleistift auf Transparentpapier ab.

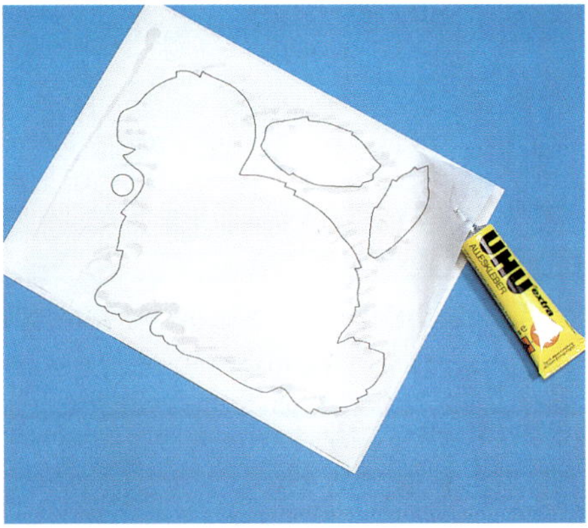

2. Klebe das Transparentpapier auf einen dünnen Karton.

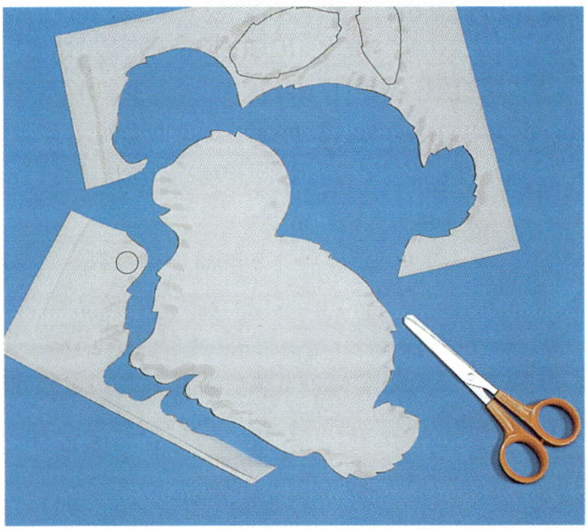

3. Die Teile schneidest Du mit der Schere aus. Jetzt hast Du Deine Schablonen.

Schritt-für-Schritt-Anleitung

4. Nun legst Du eine Schablone auf den Tonkarton in der gewünschten Farbe und ziehst den Umriß mit einem Bleistift nach. Die Umrisse der anderen Schablonen werden auf die gleiche Art übertragen.

5. Jetzt kannst Du die Teile ausschneiden.

6. Zum Schluß werden die ausgeschnittenen Teile zusammengeklebt. Die Gesichter zeichnest Du am besten mit einem Bleistift leicht vor, und dann ziehst Du die Linien mit einem schwarzen Filzstift nach. Damit die Augen lebendiger aussehen, kannst Du noch mit einem Lackstift oder einem ähnlichen Stift einen weißen Punkt auftupfen. Wenn die Vorder- und Rückseite Deines Fensterbildes gleich aussehen soll, mußt Du die meisten Teile nochmals ausschneiden. Diese Teile werden spiegelverkehrt auf die Rückseite des Fensterbildes geklebt.

Wo hoppeln sie denn hin?

Ob da jemand Futter für die beiden kuscheligen Mümmelmänner ausgelegt hat? Wir wissen es nicht. Aber Du kannst ihnen auf jeden Fall Äpfel, Möhren oder Tomaten anbieten (siehe Vorlagenbogen 1 und 2).
Vielleicht hoppeln dann noch mehr hungrige Zwerghasen auf Deinem Fenster in Richtung Futterstelle.

Wer singt am schönsten?

„Nun singt mir mal etwas vor!“ scheint der Kakadu zu diesen Kanarienvögeln zu sagen. Wenn Du ein großes Fenster hast, kannst Du noch eine zweite oder dritte Sitzstange mit weiteren Vögeln anbringen.
Achte darauf, daß Du für die Kanarienvögel verschiedene Gelb- und Orangetöne verwendest.

Na, du kleiner Falter!

Flieg schnell weg, du bunter Falter, sonst fängt dich das Kätzchen! Für den Falter schneidest Du den Flügel doppelt aus. Klebe beide Flügel leicht versetzt aufeinander. Anschließend wird der schwarze Körper angebracht. Die bunten Punkte auf den Flügeln kannst Du entweder aufmalen oder aufkleben. Gut eignen sich selbstklebende Farbpunkte (Markierungspunkte), die Du im Schreibwarengeschäft kaufen kannst.

Zwei süße Kätzchen

Das Fell der beiden Kätzchen kannst Du auch mit schwarzen Flecken verzieren. Du nimmst dazu dieselben Flecken wie beim Zwerghasen von Seite 31. Manche Fellflecken kannst Du auch mehrfach ausschneiden. Oder soll Dein Kätzchen Flecken von anderer, ganz besonderer Form haben?
Dann versuche einfach, die Flecken selbst aufzuzeichnen und auszuschneiden. Auf das Herz am Halsband kannst Du den Namen Deines Lieblings schreiben.

Komm, laß uns um die Wette laufen!

Wenn Lupo und sein Freund um die Wette laufen, kommt Leben in Dein Zimmer. Vielleicht gesellt sich auch noch ein dritter oder vierter Hund dazu mit einem schwarzen, grauen oder weißen Fell - wie es Dir gefällt.
Du kannst die Hunde auch aufeinander zulaufen lassen.

Ein Leckerbissen für Paddy

Was wird Paddy wohl mit dem Knochen machen? Wird er ihn fressen oder doch lieber vergraben?
Du kannst unserem Hund eine große Freude machen, wenn Du ihm noch einige Knochen dazulegst.

Darf ich auch mal abbeißen?

Während die lebendigen Goldhamster meist den Tag verschlafen und erst am Abend munter werden, kannst Du diese beiden putzigen Gesellen den ganzen Tag an Deinem Fenster betrachten und Dir überlegen, was sie sich wohl zu erzählen haben.

Bleib mir bloß vom Leib!

Was für einen schönen Katzenbuckel Schwarzfellchen machen kann!
Ob das Kätzchen Angst vor dem Terrier hat?
Das Aufmalen der Schnurrbarthaare kannst Du Dir bei Schwarzfellchen sparen, und auch die schwarze Nase muß nicht aufgeklebt werden.
Das grüne Auge hat hier eine schlitzförmige Pupille.
Hast Du gewußt, daß sich die Form der Pupillen den Lichtverhältnissen anpaßt?

Ein Fisch kommt selten allein ...

Ob sich nur diese drei Fische an Deiner Fensterscheibe tummeln, oder ob ein großer Fischschwarm in den verschiedensten Gelb-, Orange- und Rottönen zwischen hell- und dunkelgrünen Wasserpflanzen von einer Fensterseite zur anderen schwimmt, hängt von Dir und von Deiner Fenstergröße ab. Mit diesen Wasserpflanzen und Fischen wird Dein Fenster zu einem riesengroßen Aquarium.

Die Meerschweinchen Fieps und Murmel

Ob Fieps von dem Apfel auch etwas abbekommt? Wenn nicht, gibst Du ihm einfach Tomaten oder Möhren (siehe Vorlagenbogen 1 und 2).
Für die beiden Meerschweinchen kannst Du am Fenster auch einen kleinen Unterschlupf anbringen, z. B. ein Häuschen mit einem runden Schlupfloch.

Komm, wir teilen uns den Apfel!

Unser junger Terrier sieht dem Meerschweinchen zu, wie es an einem Apfel knabbert. Sicherlich wäre ihm ein Knochen lieber, aber vielleicht sollte er doch einmal einen Bissen probieren?

Was macht ihr da an meinem Wassernapf?

Paddy ist erstaunt. Zwei vorlaute Entchen haben seinen Wassernapf entdeckt und baden ungeniert darin. Ob wohl noch mehr Entchen an diesem Badespaß teilnehmen wollen? Entscheide selbst!

Fröhliches Kanariengezwitscher

Kanarienvogel Pit war lange Zeit allein in seinem großen Käfig. Nun hat er Gesellschaft bekommen. Die Kanaris haben sich viel zu erzählen. Wenn Du willst, kannst Du diese fröhliche Runde von morgens bis abends an Deinem Fenster zwitschern lassen. Kanarienvögel gibt es in vielen Gelb- und Orangetönen. Als Sitzstangen dienen 2 cm breite, schwarze oder braune Tonkartonstreifen. Die Länge der Streifen paßt Du der Fensterbreite an.

Zwei gepanzerte Freunde

Die beiden Schildkröten haben die soeben ausgelegten Tomaten
entdeckt und sicherlich auch in kurzer Zeit verputzt.
Die Schildkrötenpanzer werden mit sechs braunen bzw. gelben
Panzerschuppen beklebt. Ordne die beiden Schuppenreihen
auf dem Panzer an, bevor Du sie aufklebst.

Komm doch ein wenig näher!

Als Sitzstange für die beiden Kakadus dient ein 2 cm breiter, schwarzer Kartonstreifen. Diese beiden aufgeweckten Australier geben sich auch mit einem kleinen Fenster zufrieden. Sie sind äußerst pflegeleicht, müssen nicht gefüttert werden, und ihr Käfig muß nicht gereinigt werden. Ist das nichts für Dich?

Husch, husch, ins Körbchen

Minki und Minka haben neue Schleifchen bekommen. Minka ist scheinbar mit ihrer Schleife nicht so zufrieden. Wahrscheinlich hätte sie lieber die rote gehabt. Aber wenn Du willst, kannst Du ihr eine Freude machen und einfach auch eine rote Schleife an ihrem Kopf befestigen. Dann wird sie bestimmt genauso lächeln wie Minki.

Mümmelmänner unter sich

Hoppel, der weiße Zwerghase, hat Besuch von einem braunen Vetter bekommen. Dieser wird genauso wie Hoppel gearbeitet, nur nimmst Du statt weißen einfach hellbraunen Tonkarton.
Den Schwanz schneidest Du aus weißem Karton aus und klebst ihn auf den braunen Hasenkörper.
Und nun kann die Mahlzeit der beiden Mümmelmänner beginnen.

Häschen mit schwarzen Tupfen

Die schwarzen Flecken auf Häschens Fell kannst Du anordnen, wie es Dir gefällt. Vielleicht schneidest Du auch einen Flecken mehrmals aus. Oder Du erfindest selbst Flecken in einer anderen Form. Und damit das Häschen nicht hungern muß, legst Du noch einige Möhren aus.

Freches Vögelchen

„Kann man nicht einmal in Ruhe frühstücken! Der Tag fängt ja gut an.“ Murmel, das Meerschweinchen, ist über die Störung sehr verärgert. „Ich wollte dir nur Guten Tag sagen und mich ein wenig mit dir unterhalten“, zwitschert der Kanarienvogel. „Wenn das so ist, kannst du bleiben“. Murmel ist wieder versöhnt.